生物技术科普绘本
合成生物学卷

魔幻手环

新叶的神奇之旅 I

中国生物技术发展中心　**编著**

科学顾问　天津大学

科学普及出版社

·北　京·

图书在版编目（CIP）数据

魔幻手环：新叶的神奇之旅：全 5 册 / 中国生物技术发展中心编著 . —北京：科学普及出版社，2018.10

ISBN 978-7-110-09894-3

Ⅰ. ①魔… Ⅱ. ①中… Ⅲ. ①生物工程—儿童读物 Ⅳ. ① Q81-49

中国版本图书馆 CIP 数据核字（2018）第 232147 号

策划编辑	符晓静　范晓丽
责任编辑	符晓静　王晓平　齐　放
设计统筹	科学文化融媒体创新实验室
封面设计	孙雪骊
正文排版	锋尚设计
责任校对	杨京华
责任印制	徐　飞

出　版	科学普及出版社
发　行	中国科学技术出版社发行部
地　址	北京市海淀区中关村南大街 16 号
邮　编	100081
发行电话	010-62173865
传　真	010-62179148
网　址	http://www.cspbooks.com.cn

开　本	787mm × 1092mm　1/16
字　数	225 千字
印　张	20.25
版　次	2018 年 10 月第 1 版
印　次	2018 年 10 月第 1 次印刷
印　刷	北京博海升彩色印刷有限公司
书　号	ISBN 978-7-110-09894-3 / Q · 240
定　价	198.00 元（全 5 册）

探险小队

元教授

元教授是一位德高望重的科学家，在合成生物学领域很有建树。元教授和蔼可亲，非常喜欢小朋友，和主人公新叶是好朋友，经常帮助新叶解决问题。新叶和他的微生物朋友们都非常喜欢元教授。一天，元教授和新叶来到了神秘的微观世界，开启了一段神奇的旅程。

新叶

新叶是一名天赋异禀的儿童科学家。一天清晨醒来，他发现自己缩小了很多很多倍，竟然进入了微生物的世界。古灵精怪的新叶对这个全新的世界充满了好奇，他迫不及待地和元教授一起开启了探险的旅程，一路上经常有遇到麻烦的微生物们前来找聪明的新叶帮忙解决难题，热情善良的他也因此收获了很多的小伙伴。

新叶拥有一个神奇的百宝箱，里面有许多神奇的积木块，新叶和元教授能用这些积木拼接成魔幻手环来帮助微生物朋友们解决问题。

新叶的

酵母菌管家

它长得又矮又小，身穿红色的上衣、粉色的裙子；头戴一个红色的圆形头套；戴一对黄色的耳环。是细胞酒厂的管家，经常为酒厂的事务发愁，直到遇到了新叶和元教授，才帮助它解决了酒厂的问题。

魔幻手环

魔幻手环是一个五彩手环，戴在菌宝宝的手上就能发挥功能(基因嵌入细胞)。它由必需积木、功能积木、调控积木等各种不同类型和性质的积木连接而成，不同积木在手环上是可以即插即用的，不同的颜色代表不同的积木。

大肠杆菌丑丑

它有紫色的、胖胖的身躯，身上还散发着难闻的气味。它是一个长相不好看的、普通的大肠杆菌，经常因自己的长相感到自卑。

小伙伴

正义侠

他是一个身材高大的侠士，身穿神奇战衣，戴着眼罩，面孔坚毅帅气。他是新叶在旅行途中遇到的一个神奇伙伴。

百宝箱

百宝箱是新叶在旅行时随身携带的工具箱，里面放着各式各样的积木，这些积木插到手环上就可以发挥各种各样的功能，可以帮助菌宝宝们解决它们遇到的麻烦。

球菌宝宝小圆

它头上长着一对蘑菇样的触角，眼睛大大的、圆圆的。它是一个普通的球菌，因为外表长得圆圆滚滚的，所以被大家叫作小圆。小圆是新叶的好朋友，新叶利用神奇的照相机帮助小圆找到了不舒服的病因。

引　子
新叶和元教授一觉醒来以后，突然发现自己变小了，而且他们可以凭借变小的身体进入微观世界，于是他们开始了在微观世界的神奇旅程。他们运用合成生物学的方法在微观世界里帮助各种微生物解决问题，同时结交了许多微生物朋友。在某次聚会之后，元教授和新叶醒来发现自己又回到了宏观世界，并且拥有了变大变小的能力。从此他们穿行在微观世界和宏观世界中，借助微生物的力量来解决一些之前解决不了的难题。

内质网
核糖体
细胞膜
细胞核
线粒体
高尔基体
溶酶体

目录

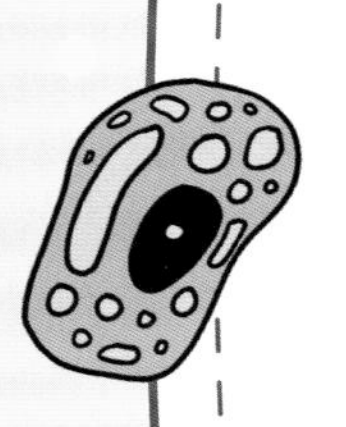

拯救
细胞酒厂

文 / 沈筱苑
图 / 朱航月

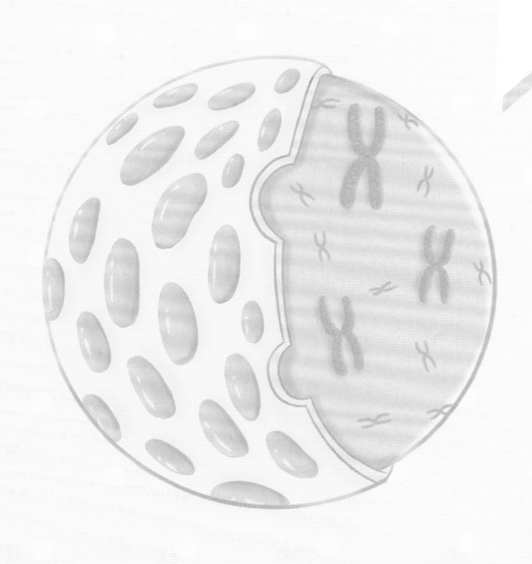

元教授，我们去酒厂看看能不能帮上他们吧。

紧急求助！紧急求助！我们的细胞酒厂年产量过低，公司濒临破产，特向外界征求能人以提高酒厂生产率，拯救本厂者我公司必有重谢！
紧急求助

1. 你们是谁？
2. 我们是来拯救酒厂的。

3. 欢迎光临！

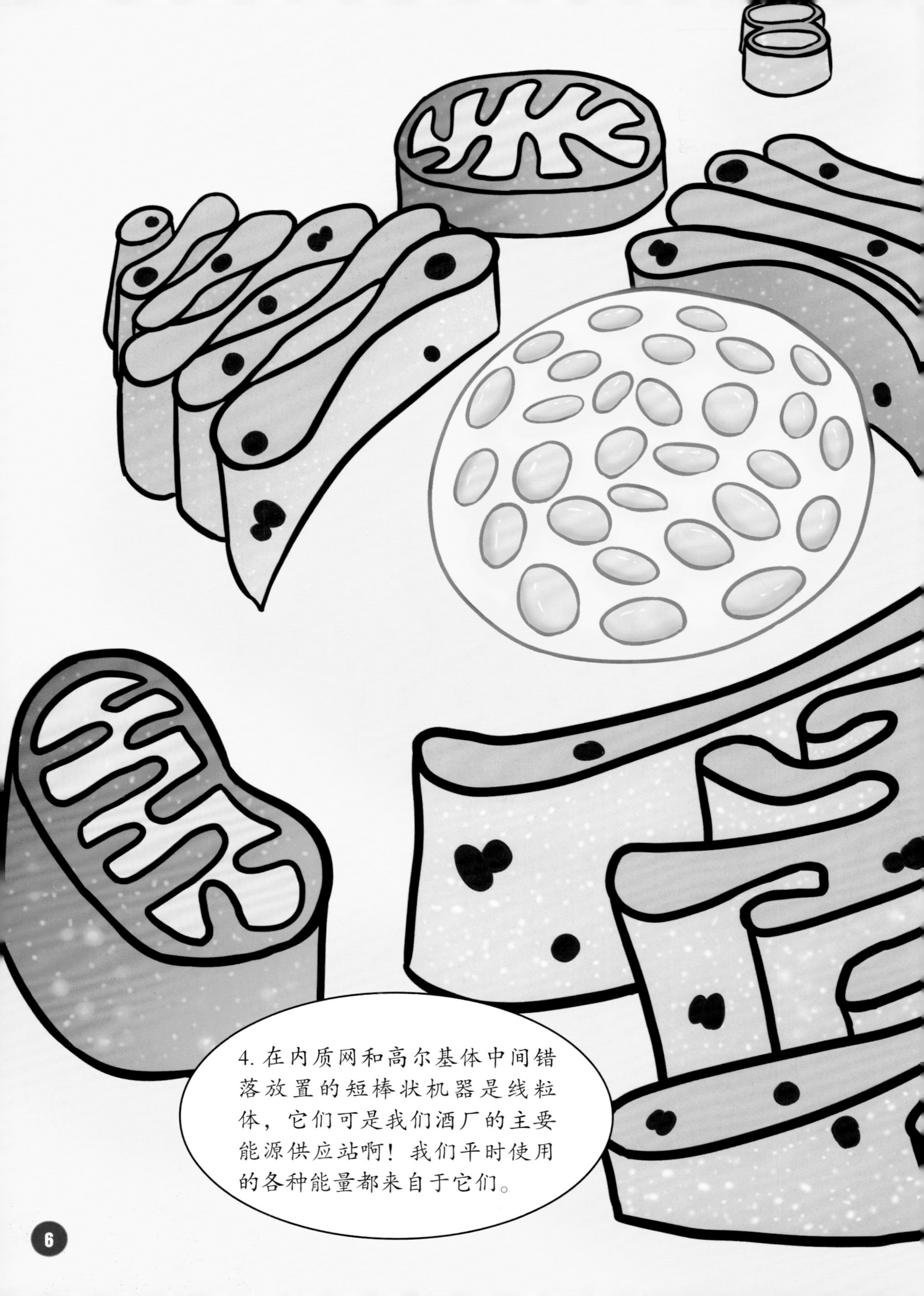
4. 在内质网和高尔基体中间错落放置的短棒状机器是线粒体，它们可是我们酒厂的主要能源供应站啊！我们平时使用的各种能量都来自于它们。

1. 尊敬的勇士们，欢迎光临！我是这个酒厂的管家，首先请允许我来介绍一下我们酒厂，请跟我来。
2. 环绕在酒厂内部的这个蓝色的类似于迷宫状的机器是内质网，它能够运输各种物质分子。内质网上面附着的小球状装置是核糖体，能够合成酒厂生产的核心工具——蛋白质。
3. 这个紫色的扁平囊状机器则是高尔基体，它能对内质网分配的蛋白质进行加工、分类与包装，然后分门别类地送到特定的部位。
5. 哇，原来是这样的！好厉害啊！

这就是我们酒厂的核心装置——细胞核，可是近几年来我们酒厂的产量逐年下滑，整个酒厂只亏不赚，难以运行下去了，请你们救救我们酒厂吧！
百宝箱

把积木拿出来吧!

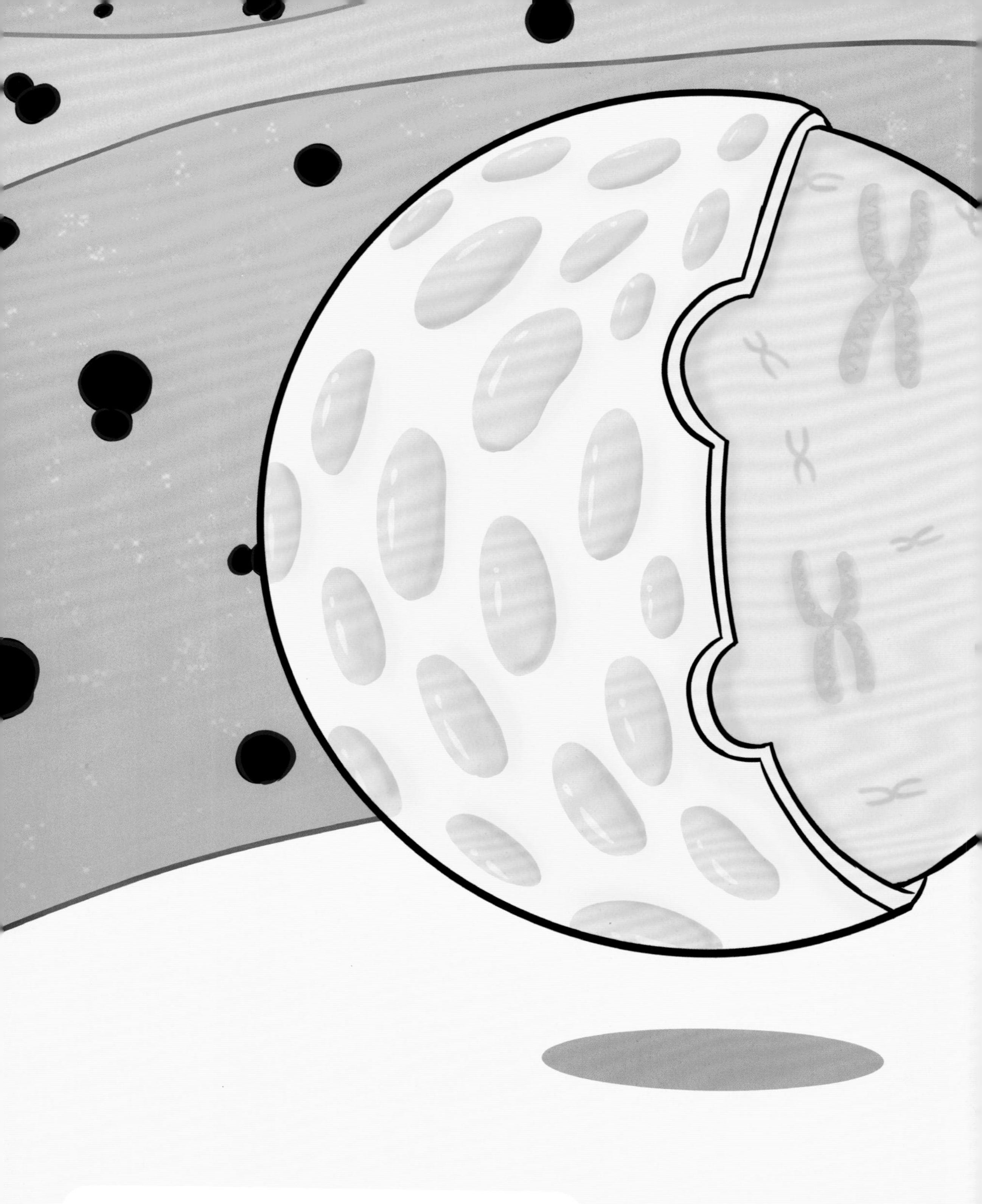

安装上魔幻手环后，机器终于正常运转了。

百宝箱

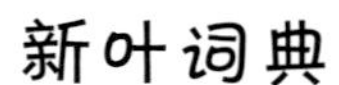

新叶词典

目的基因：经过分子设计构建的基因，在菌株中表达后可以实现特定功能。

合成生物学：生物科学的新研究领域，是对生物体系进行设计重构或从头合成以实现预期功能。

4. 谢谢管家，但是我们还要继续上路，用合成生物学的方法去帮助更多身处困境的人！
1. 真是太神奇了！太感谢你们了，能告诉我你们是怎么做到的吗？

2. 我们用的是合成生物学的方法，目的基因具有各种各样的功能，我们可以根据自己的需要选择相应的目的基因。这次我选择了能提高酵母菌对糖类的利用率的葡糖淀粉酶基因，我们将这个魔幻手环连到设备上，它就能发挥作用了。
3. 这真是太神奇了！两位英勇睿智的勇士，你们的聪明才智令人佩服，请留在我们酒厂继续与我们一起工作吧。

元教授答疑

元教授，魔幻手环是如何提升酵母菌能力的呢？

酵母菌是人类的好朋友，它们能够帮助我们酿造美酒。酿酒过程是由酵母菌体内的一系列酶催化进行的。魔幻手环代表的质粒由启动子、终止子、目的基因、标记基因等组成，通过启动子可以调控目的基因产生特定的酶来辅助酿酒过程，从而提升酵母菌的酿酒能力。

大肠杆菌变形记

文 / 张冠宇
图 / 胡晓露

3. 怎么会呢？你们生活在肠道里，阻止了其他有害菌群的进入，是人类健康的小助手啊！而且，你们还帮助人类完成了很多基因工程呢！金黄色葡萄球菌虽然好看，但却会导致人们得多种疾病，没有谁会喜欢它们的！
1. 嗨！我是新叶，能认识一下你吗？

2. 不要，我这么丑，
味道又难闻……
4. 可是，我好丑……
5. 别伤心，我帮你想想
办法。

1. 如何改变一种细菌
的颜色或气味啊？
3. 哇，这么神奇！
我要赶快去告诉丑丑。

2. 简单！只要用合成生物学的方法对细菌进行改造，就可以使它改变颜色和气味。

嘿，我找到让你变得漂亮的办法啦！
只要戴上这个手环，你就可以变得又香又漂亮了！

1. 哇，你太厉害了，是怎么做到的啊？
3. 那么，我岂不是就成了可以拥有很多种颜色和香味的人见人爱、花见花开的“百变”大肠杆菌了？

2. 这其实也没有什么，只是添加了一个柠檬烯合成酶的基因和一个合成绿色荧光蛋白的基因而已。
新叶词典
柠檬烯是一种生活中常见的香料，把它添加到食品中，可以让食品产生柠檬的香味；而绿色荧光蛋白则是一种来源于发光水母的特殊蛋白质，可以让被添加物发出绿色的荧光。

2. 比如说呢？

1. 没错，以后你就可以改名叫小美了。而且，绿色荧光蛋白不仅仅会让你变得更加漂亮，还有多种多样的用途呢！
3. 绿色荧光蛋白最主要的用途就是用作报告基因。科学家们利用基因工程完成对细菌等的改造后，常常很难直接观察到改造是否成功。这时，绿色荧光蛋白就发挥作用了，在改造完成的质粒上添加绿色荧光蛋白，就可以直观地展示基因工程是否成功。

哇，原来小小的一个绿色荧光蛋白有这么多的用途！谢谢你了，新叶！

我们要继续赶路了，
再见啦！

元教授答疑

元教授，为什么大肠杆菌带上魔幻手环就可以发出绿色荧光，产生柠檬香味呢？

魔幻手环上可以携带具有不同功能的基因，在大肠杆菌体内表达不同功能的酶，从而表现出不同的功能。因为魔幻手环上有绿色荧光蛋白和柠檬烯合成酶的基因，所以能赋予大肠杆菌发出绿色荧光和生产柠檬烯的能力，从而可以发出绿色荧光、产生柠檬香味。

正义侠的新战衣

文／于　蕾
图／纪小红

救命啊！

1. 谢谢你，救了我一命。
3. 正义侠，你好！

2. 哈哈，不用客气！
新叶你好！我是正义侠！
我的任务就是除掉对人类生活
产生威胁的所有怪兽！

2. 新战衣？
什么新战衣啊？
4. 哇，好酷啊！
期待你的新战衣！
但是我能帮到你什么呢？

1. 新叶，我最近正在研制我的新战衣，你可以帮助我吗？
3. 我最近在研制纳米材料的新战衣，纳米材料是由颗粒很微小的粒子经过加工而成的材料，有了这种材料制成的战衣，我就可以有更强的攻击力，还可以很快地进行自我修复，变得更强大！

2. 宠物？我没有宠物啊？

1. 我需要你身体里的小宠物帮助我生产这种纳米材料。
3. 我需要的是你肠道中的宠物——大肠杆菌宝宝。
4. 大肠杆菌宝宝是人类肠道内最常见的细菌，我们可以通过对它们进行改造生产很多想要的东西，比如生产各种药物，用于治疗人类疾病。

这么神奇！
那我们要怎样改造它们呢？

大肠杆菌宝宝的生产能力是由它们体内的基因控制的，只要知道是哪个基因控制产生我们想要的东西，我们就可以在体外把所需要的基因像搭积木一样搭在一起，然后用特定的酶胶水将它们“粘”起来，再放回大肠杆菌宝宝体内就可以了！

1. 那我们如何得到大肠杆菌宝宝生产的东西呢？
3. 原来是这样！
我懂了，你是想用大肠杆菌宝宝帮助你生产新战衣吧？

2. 是这样的，有一些基因可以控制大肠杆菌宝宝，让它们生产完我们想要的东西后，还能把这些东西吐出来，这样我们就可以在不弄伤大肠杆菌宝宝的前提下得到我们想要的东西了！
4. 是的，现在我想把控制产生我的战衣所需要的纳米材料的基因和这些基因“粘”在一起。这样，你的大肠杆菌宝宝就可以连续不断地帮我制造纳米材料，然后我就可以制造出强大的新战衣了！

1. 哇！真的太神奇了！我竟然有这么厉害的宠物！正义侠，你为了我们的和平生活这么辛苦付出，我一定帮助你制造出最厉害的新战衣！
3. 不客气，期待你的新战衣，再见啦，正义侠！

2. 谢谢你，新叶！
我制造出新战衣以后还
会再来找你玩的！

元教授答疑

元教授，我们是如何利用大肠杆菌制造纳米材料的啊？

是这样的，我们将表达金属硫蛋白的基因和植物螯合肽合成酶的基因融合在魔幻手环上，导入大肠杆菌体内，大肠杆菌就可以共同表达金属硫蛋白和植物螯合肽合成酶。随后，这种工程大肠杆菌就可以生产一大批纳米材料了。

菌宝宝的照相机

文／刘亚华
图／郑　伟

1. 小圆，你知道吗，我的魔幻手环有新能力了！
4. 是的。菌宝宝们戴上魔幻手环后，就能帮菌宝宝记下它们一天里发生了什么事情。

2. 我们在玩的时候，可以用照相机把我们看到的东西拍下来，元教授也为菌宝宝们专门设计了一个特殊的魔幻手环，这种魔幻手环的能力就跟照相机的功能是一样的。
3. 手环也能拍照吗？

2. 好啊！这就是新的魔幻手环，你要试试吗？

1. 好神奇啊！你快从百宝箱里拿出来让我看看吧！
3. 好呀！

1. 小圆，你怎么了，身体不舒服吗？
3. 别害怕，我们去问问元教授，他肯定能帮你找到原因的。

2. 是啊，我好像踩到了什么东西，感觉很难受。

3. 让我看看它的照相机手环。

1. 哎哟喂！
2. 元教授，小圆生病了，您快来看看它呀！

1. 哦，我明白了，你的朋友是不小心碰到抗生素了。
3. 抗生素是一类能让细菌感到不舒服的药物。小圆，你以后要注意不要碰到抗生素了！

2. 抗生素是什么啊?
4. 好的，元教授，
我以后会注意的!

2. 想知道它是怎么做到的，那你就要好好地学习合成生物学的知识。

1. 魔幻手环好神奇啊！它是怎么做到的呀？
3. 我以后一定好好学习合成生物学的知识。
4. 我再也不离抗生素那么近了！

元教授答疑

元教授，细菌内的照相机好神奇啊，您再给我详细讲解一下吧！

好啊！就像飞机飞行记录仪可以帮助人们记录事故发生过程一样，科学家们也尝试在细胞里创造一个记录仪。美国的科学家发明了一种新型细胞记录仪，这种装置能够记录细胞所经历的光照、抗生素和病毒入侵等事件。

生物技术科普绘本
合成生物学卷

新叶的神奇之旅 II

中国生物技术发展中心　编著
科学顾问　天津大学

科学普及出版社
·北　京·

新叶的

菌宝宝钟钟

它长着圆圆的脑袋、圆圆的身子，圆圆的眼睛，头上有一对蘑菇样的触角。它向新叶介绍了菌族钟表的情况。

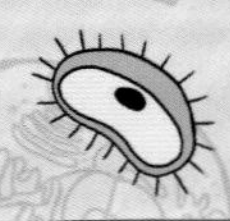

菌宝宝康康

它有大大的脑袋、小小的身子，有一双圆圆的、蓝色的眼睛，头上有一对蘑菇样的触角。它是新叶的好朋友，经常来找新叶玩。

菌宝宝兰兰

它身上呈蓝色，头上有一对角。它是生活在垃圾处理厂的细菌，是光合细菌阳阳的小弟弟。

小伙伴

阳阳姐姐

它是一个身材婀娜、身穿绿色舞裙的姑娘。它是光合细菌，可以像植物一样利用光能进行光合作用，为自己提供养料。

酵母菌娇娇

它有着圆球状的外形和圆圆的眼睛。它和它的小伙伴们一直都生活在水果上，但是有一天，它们的家园被塑料霸占了，不得不搬家。还好遇到了新叶，帮助它们解决了问题。

酵母菌木木

木木是娇娇的好朋友，和娇娇住在一起。

目录

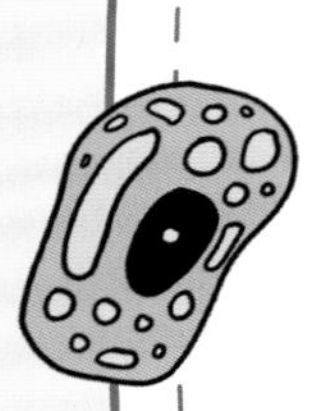

钟表匠来了

文 / 王怡人
图 / 郑　伟

在你们人类的世界，这种
现象不是司空见惯吗？

微生物
咦，钟钟你们在这个时间点不是应该正在进行能量吸收吗？为什么有的菌宝宝正在生炉子做饭，有的菌宝宝却已经睡觉了……

看来你还挺了解我们的，我们的钟表间隔一定的时间就会发出绿色的荧光，我们可以根据发出的绿色荧光来大致判断时间。

你说的没错，但我听说你们菌族曾在16年前接待过一个超级厉害的钟表匠，他给了你们每个菌宝宝一个钟表，用来协调大家的行为。

嗯，确实是这样。没过多久，我们就发现不同菌宝宝的钟表发出绿色荧光的时间间隔有了差别，而且年数越多，差别越大。

那现在是钟表出了什么状况吗?

2. 对，也正是因为不同菌宝宝的时间标准不一样，我们菌族又回到了 16 年前的日子啊！

1. 所以你们不同的菌宝宝就过着不同的时间？
3. 能把你们的钟表给我看一下吗？也许我能想出好办法。

我有办法了！

1. 好了，我把你们的钟表重新改造了一下，你们菌族的钟表在180代以后才会出现半个周期差。
2. 天哪，这是真的吗？新叶你好厉害啊，是怎么做到的呀？
3. 其实也没什么，我只是把你们钟表里那个发出绿色荧光的零件与表示时间周期的核心零件组装在了一起，然后又另外加了两个具有缓冲作用的部件稳定了一下。

微生物村

新叶，真是太感谢你了。你真是一个厉害的钟表匠，下次你再来我们菌族，一定会对我们的井然有序感到惊叹的！
嗯。我一定会再来看你们的！再见！

元教授答疑

绿色荧光蛋白是什么呀？

绿色荧光蛋白是由约 238 个氨基酸组成的蛋白质，从蓝光到紫外线都能使其激发绿色荧光。绿色荧光蛋白基因能稳定地遗传，因此经常在合成生物学中被用作报告基因。

菌宝宝的聚会

文 / 刘怡然

图 / 朱航月

1. 康康，你说我们办一个聚会怎么样？到时候把你的朋友们都邀请来。
3. 怕什么，我的记忆力可是非常棒的！

2. 可以呀！在微生物中，我们细菌种族的种类可是最多的，到时候怕你认不过来呢。

这里到处都是我的朋友，
你看。

这里的味道难闻死了！
这里会有你的朋友吗？

你们好，我叫新叶，请问你们在吃什么？
哈哈，你好，我叫兰兰。我们在吃人类产生的废物垃圾，这些都是我们最爱的大餐呢！

1. 哇，好神奇呀！
2. 还有更神奇的呢，我姐姐阳阳可以不吃饭！
3. 怎么可能，我还从来没有听说过有谁可以一直不用吃饭呢！
4. 快看，那就是我的姐姐，阳阳。

1. 阳阳，你为什么可以不吃饭呢？
3. 哦，原来是这样啊！

2. 因为我是光合细菌，我能像植物一样，只要晒晒太阳，就能合成食物，所以我不需要吃饭。

1. 垃圾掩埋场里有这么多的细菌，那运来的垃圾岂不是很快就消失得无影无踪了？
3. 别着急，一定有办法。来，你戴上这个魔幻手环再试一试。

2. 也不完全是这样，细菌数量虽然多，但是吃得却很慢，垃圾自然是越来越多了。

1. 真的吗？那我要赶紧试试。
2. 哇，怎么这么神奇，戴上手环后我的饭量大了好多，以后我每天可以吃掉好多东西。不过这是怎么办到的呢？
3. 这就要用到合成生物学的知识啦，魔幻手环可以让你产生更多分解垃圾的酶。想知道更多有趣的事情，就跟我一起进行奇妙的旅行吧！

元教授答疑

光合细菌姐姐为什么不用吃饭，也可以生活呢？

光合细菌是可以进行光合作用的，也就是可以在光照的条件下将无机物转化为有机的营养物，自己为自己提供养料。

美味的塑料

文／韩佳孝
图／李丽丽

你好，这里就是塑料公园，你是迷路了吗？
塑料公园

这里看起来不是我平时生活的地方，脚下感觉涩涩的，好奇怪啊，这该不会是到塑料公园了吧！

4. 你好像对我们酵母菌很了解，我想我们一定会成为好朋友的。
2. 是的，我是酵母菌，是你们人类的好朋友，我叫娇娇。
塑料公园

1. 你好，你是酵母菌吗？
3. 很高兴认识你，娇娇。
5. 对啊，我是一个儿童科学家，之前在元教授的教导下学习了很多微生物的知识呢！

1. 咦，你们怎么还这么悠闲啊！现在人类投放的塑料霸占了我们的家园，我们都准备逃去新的地方安家了。
2. 娇娇，他是你的朋友吗？他好像和我们不太一样啊，是新的酵母菌吗？

你好，我是木木，现在我们生活的地方突然从熟悉的水果变成了塑料，即使是最强壮的菌也消化不了塑料，我们还是快走吧。

你好啊，我是新叶，我不是酵母菌，是一个不小心来到微生物世界的人类。

2. 真的吗？如果真的是那样就太好了！

3. 来，你们试试戴上这个，就可以品尝塑料了。
1. 等一下，我也许有办法解决这个问题。
43

1. 这个真的可以吗?
2. 哇，真香！娇娇你也来尝尝看！谢谢你，新叶。现在我们不用背井离乡了。
3. 嗯，真的不错，我们把它分享给其他酵母菌吧！这样大家都不用到处奔波了。

元教授答疑

酵母菌带上魔幻手环就可以吃塑料了，好神奇呀！这是为什么呢？

魔幻手环将可以编码塑料降解酶的基因转入酵母菌体内，使其具有降解、利用塑料的能力。

基因魔剪

文 / 解江南

图 / 胡晓露

《欢乐颂》
2. 哇，那也太伟大了！
不过一个音乐家经历了像耳聋
这样的挫折，一定很痛苦吧！

PARTY
1. 嘿，你们知道吗?
其实《欢乐颂》是贝多芬在
耳朵失聪后创作的。
3. 对啊，说起来，最近合成
生物学的发展真的为耳聋的
治疗带来了新的曙光!

3. 嗯嗯，略有耳闻，它简直就是一把基因魔剪。

1. 哇，快跟我说说这是怎么回事？
2. 你知道近几年火遍全球的 CRISPR 吗？
4. 它几乎可以在基因的任意位点上进行切割，可以实现多种形式的基因编辑。

1. 我想起来了，听说有一部分的耳聋是由基因突变造成的。

PARTY
2. 对，但是研究人员让患有耳聋的“贝多芬鼠”的耳朵“吃”下了油脂液滴包裹的两个小小的分子工具，就可以纠正它们的基因，小鼠也可以恢复听觉。
3. 好神奇的分子工具！可以再具体地给我说说吗？

2. 要实现功能，二
者缺一不可喽？

1. 它们一个像指南针，名字叫做 sgRNA；另外一个像分子手术刀，名字叫做 Cas9。“指南针”引导着“分子手术刀”到达特定的地方进行切割。
3. 对，你真聪明！虽然距离该技术的临床治疗还有一段距离，但总归是更有希望了！

《欢乐颂》
我听说还有好多与耳聋类似的单基因突变的疾病，是不是也有希望治愈了？

PARTY
是的，想想真的好激动！期待CRISPR这把基因魔剪的魔力给世界带来更多的福音。

《欢乐颂》

PARTY

元教授答疑

元教授，耳聋的“贝多芬鼠”的耳朵“吃”下了油脂液滴包裹的两个小小分子工具，很多都恢复了听觉！它的原理是什么呢？

这个问题非常好！“贝多芬鼠”的遗传性耳聋是由*TMC1*基因发生单碱基突变引起的，只要修复了这个突变基因，它就可能恢复听觉。这两个小小分子工具就是识别和修复这个突变基因的，这是一种叫作 CRISPR 的基因编辑技术。

生物技术科普绘本
合成生物学卷

中国生物技术发展中心　编著
科学顾问　天津大学

科学普及出版社
·北　京·

新叶的

西西

它戴着手环，穿着漂亮的小裙子，但是它眼睛是灰暗的。西西是经过合成生物学改造的T细胞，被称为嵌合抗原受体T细胞（CAR-T）。西西眼睛看不见代表着它缺失Tet2基因。

酵母菌易爷爷（全名：易斯特）

易爷爷有圆圆胖胖的身躯，白花花的胡子，经常拄着拐杖，是族群中年长的老人，和它的族人一同参加了Sc2.0计划。

小伙伴

D细胞

产3α-HSD（DHT灭活酶，使DHT失去活性）的细胞，在这里简称为D细胞。DHT通过荷尔蒙级联导致毛囊恶化，使脱发产生。

铜绿假单胞菌

身材矮矮小小，身穿长袍，头戴帽子。铜绿假单胞菌原称绿脓杆菌，在自然界分布广泛，为土壤中存在的最常见的细菌之一。水、空气、正常人的皮肤、呼吸道和肠道等都有它的存在。

目录

新叶和保卫战士的故事

文 / 牟 睿

图 / 纪小红

1. 新叶，今天我想给你介绍一群新朋友。
3. 是一群和癌症抗争、拯救人类生命的伟大的朋友，它们叫 CAR-T 细胞。
HH·S
恒温水浴锅

2. 好呀！是什么朋友呢？

HHS
恒温水浴锅

哇，元教授，我已经迫不及待地想要见到它们啦！

1. 对不起，我撞到你了。
2. 没关系。请问……你的眼睛怎么了？
4. 对不起，我不该这么问你。我叫新叶，你叫什么名字呀？
6. 你能这样想真好。
CAR-T
细胞村

3. 我的眼睛没事，我只是天生看不见而已。
5. 没关系啦！我叫西西，我妈妈说过，这是上天送给我的礼物。

1. 西西，你们这里的细胞都好奇怪，为什么大家都穿得像个士兵啊？
2. 因为我们就是士兵啊！我们CAR-T一族是和人类癌细胞永恒斗争的生命战士。
3. 你们为什么能和癌细胞对抗呢？
CAR-T
细胞村

4. 因为我们是科学家从人体中提取的免疫细胞，科学家给我们戴上魔幻手环，我们就变成了 CAR-T 细胞，我们清除癌细胞的能力就更强了。

为什么你们戴上魔幻手环后，清除癌细胞的能力就更强了呢？
CAR-T细胞村

因为这些手环使我们获得了非常强大的癌细胞定位能力和唤醒人体内沉睡的 T 细胞的能力。

1. 哇，你们真的太厉害了！西西，你穿上铠甲是要去和癌细胞战斗吗？
3. 那就祝你凯旋归来！

2. 是啊，这是我们 CAR–T 一族的使命。虽然我的眼睛看不见，但是这也不能阻挡我去履行我的使命。

2. 你认识的这个西西可了不得，它竟然可以将癌症患者体内的癌细胞一扫而空，要知道普通的 CAR-T 细胞只能抑制癌细胞，可做不到全面杀死癌细胞啊。

1. 元教授，我见到 CAR-T 细胞啦。我认识了一个叫西西的 CAR-T 细胞，虽然它的眼睛看不见，但是它还是坚持要与癌细胞作斗争。
3. 哇，我真的太为它骄傲啦。
CAR-T
细胞村

元教授答疑

元教授，能具体给我讲讲 CAR-T 的原理吗？

CAR-T 的原理是从患者体内获得 T 细胞，通过一定的手段，使 T 细胞拥有可以识别癌细胞的受体，再将这种 T 细胞注入患者体内，召集免疫系统的各种细胞，一起清除癌细胞。

神奇的Sc2.0计划

文 / 赵昊乾
图 / 朱航月

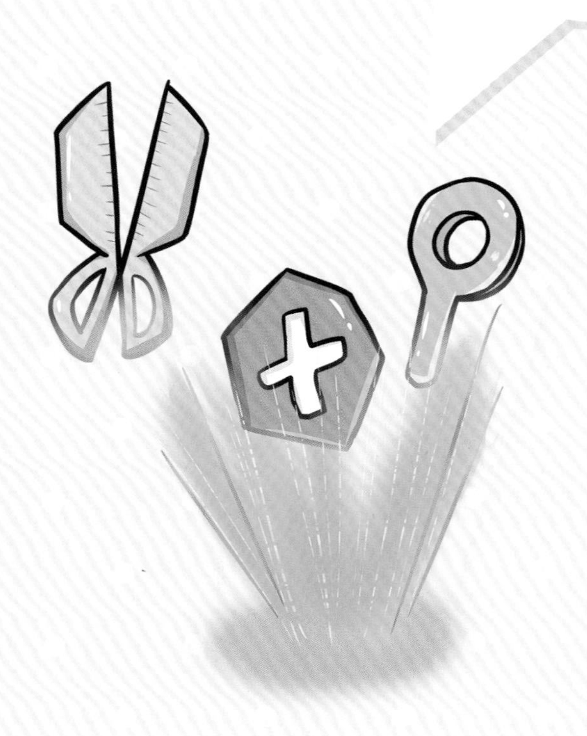

1. 元教授，我昨天看了一场电影，里面居然出现了人造生命,简直太神奇了！
3. 哇，真的吗？那现在我可以合成另外一个我来替我自己写作业吗？

4. 现在当然还不行，不过我们已经能人工合成一些酵母菌的染色体了。你要想知道得更多，就去找你的酵母菌朋友问问吧！
2. 人造生命当然很神奇啦！

2. 哈哈，你还真来对地方了，我们整个村子的酵母菌身体里都有人工合成的染色体，我们都参与了 Sc2.0 计划！
4. 别急别急，我一个一个来告诉你。在我们酵母菌体内，DNA和蛋白质等结合形成染色体。Sc2.0 计划就是为了把我们的染色体变成科学家们想要的染色体。

1. 易爷爷，我在找身体里有人工合成染色体的酵母菌，请问你们的身体里有吗？
3. 什么是 Sc2.0 计划呢？

2. 这就不得不讲到这个魔幻手环的作用了。这个魔幻手环是科学家们专门为我们设计的改造手环。里面有很多神奇的东西，你看……

1. 这么说Sc2.0计划就是元教授对您和大家做的一次身体改造。那么，这个计划是怎么实现的呢？
3. 同源重组模块可以启动同源重组机制，用人工合成的染色体替换原有染色体……那你们现在完成改造的身体一定很强大吧！

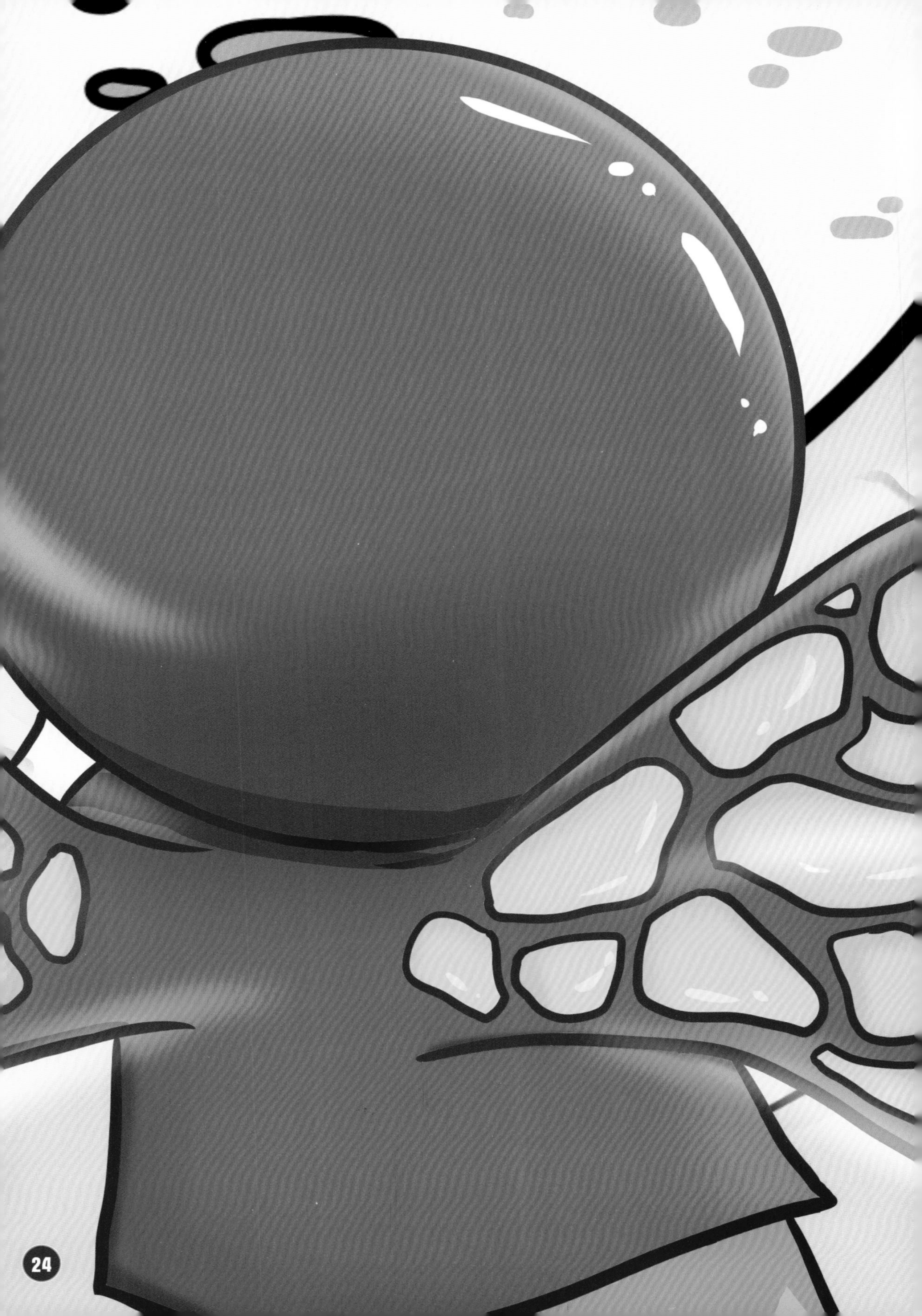

哇！好神奇！这就是你们的超能力吗？
虽然我们的染色体改造还没彻底完成，但是我们有很多其他酵母菌所不具备的特异能力。

还不止这些呢！这一切都要归功于Sc2.0计划。科学家们在为我们做改造手术的时候，在新合成的染色体上加入了许多这样的小模块，我们把它们称为Lox P位点。这些小模块能让我们长出翅膀、变高、变大……

哇！我也想有这样的功能！

这次又碰到了什么
微生物呀?

我去了一个酵母菌的村庄，它们都参加了您研究的Sc2.0计划，对未来满怀信心呢！

2. 嗯。Sc2.0 计划真的太神奇了，我一定会努力学习，将来也成为像您一样伟大的科学家。

1. 那你也一定学到了 Sc2.0 计划里面的很多知识吧?
3. 好样的！我支持你！

元教授答疑

Sc2.0计划是一个什么计划呢？

Sc2.0计划是多个国家的科学家合作将酿酒酵母基因组进行重新设计和合成的一个国际计划，是全球首个真核生物基因组合成计划。

脱发的困扰

文 / 贾文岩
图 / 胡晓露

2. 是啊，我才三十几岁，再这样下去，头发就掉光了！新叶，你有什么办法吗？

1. 爸爸，您的头发
怎么又少了？
3. 我没有，不过元教授
会不会有办法呢？

2. 很多男性的脱发是由激素引起的。据我所知，D 细胞有一种积木，可以产生对抗这种激素的粉末。你可以去找 D 细胞借一下积木。

1. 元教授，您知道我爸爸为什么会脱发吗？
3. 我现在就和菌宝宝一起去找D细胞。

2. 你们好，你们来找我有什么事吗？
4. 我就是通过这个积木来产生一种阻止脱发的粉末，希望可以帮到你们。
百宝箱

1. 你看，这就是D细胞，小D。
3. 你好，元教授说你有一种可以治疗脱发的积木，你可以借我们用一下吗？
5. 谢谢你，小D！

真的可以撒下粉末耶，也可以长出新的小树苗了。

头发
森林
菌宝宝，你快戴上
魔幻手环试一下。

我的头发又长出来了，你们是怎么做到的？这真是太神奇了！

当然神奇了，不过这是我们的秘密。

元教授答疑

元教授，为什么我爸爸掉头发会掉得那么厉害呢？

男性中超过95%的人头发变薄是由男性型脱发（雄激素脱发）引起的。雄激素二氢睾酮由睾酮在身体的几个区域——毛囊、睾丸和肾上腺中合成，而且还通过血液运送到头皮。雄激素二氢睾酮通过荷尔蒙级联导致毛囊恶化，使脱发产生。

D细胞通过积木产生的粉末到底是什么东西？为什么可以阻止脱发呢？

雄激素二氢睾酮是导致男性脱发的原因之一。本文中的D细胞具有生产3α-HSD（一种二氢睾酮灭活剂）的基因模块，将该基因模块通过魔幻手环转移到我们头皮上的细菌，就可以为脱发男性患者提供治疗。

光控皮肤救爷爷

文／兰　芃
图／纪小红

2. 老人家在做饭的时候不小心烧伤了脸部皮肤，需要尽快进行手术。
3. 那我们赶紧准备做手术吧。求医生救救我爸爸。
4. 可是手术需要的皮肤非常特殊，我们需要找到与人体有高度适应性的可移植的皮肤。
6. 由于目前医疗技术水平有限，我们也只能尽力而为。

1. 爷爷，您
怎么了？
5. 我们从哪里能买到这种
移植皮肤呢？多贵都行！

微观世界会不会有
救爷爷的办法呢?

或许这个东西是拯救爷爷的根本！
第二信使？
找到第二信使
新叶到处寻找救爷爷的方法

3. 嗯嗯，是的，但我不是你所谓的第二信使。跟我来吧，我知道怎么找到它们。
1. 你看到我的钥匙了吗？

2. 是这两把吗？我刚才捡到的，旁边还有一张纸条，上面写着“找到第二信使”。请问是你吗？

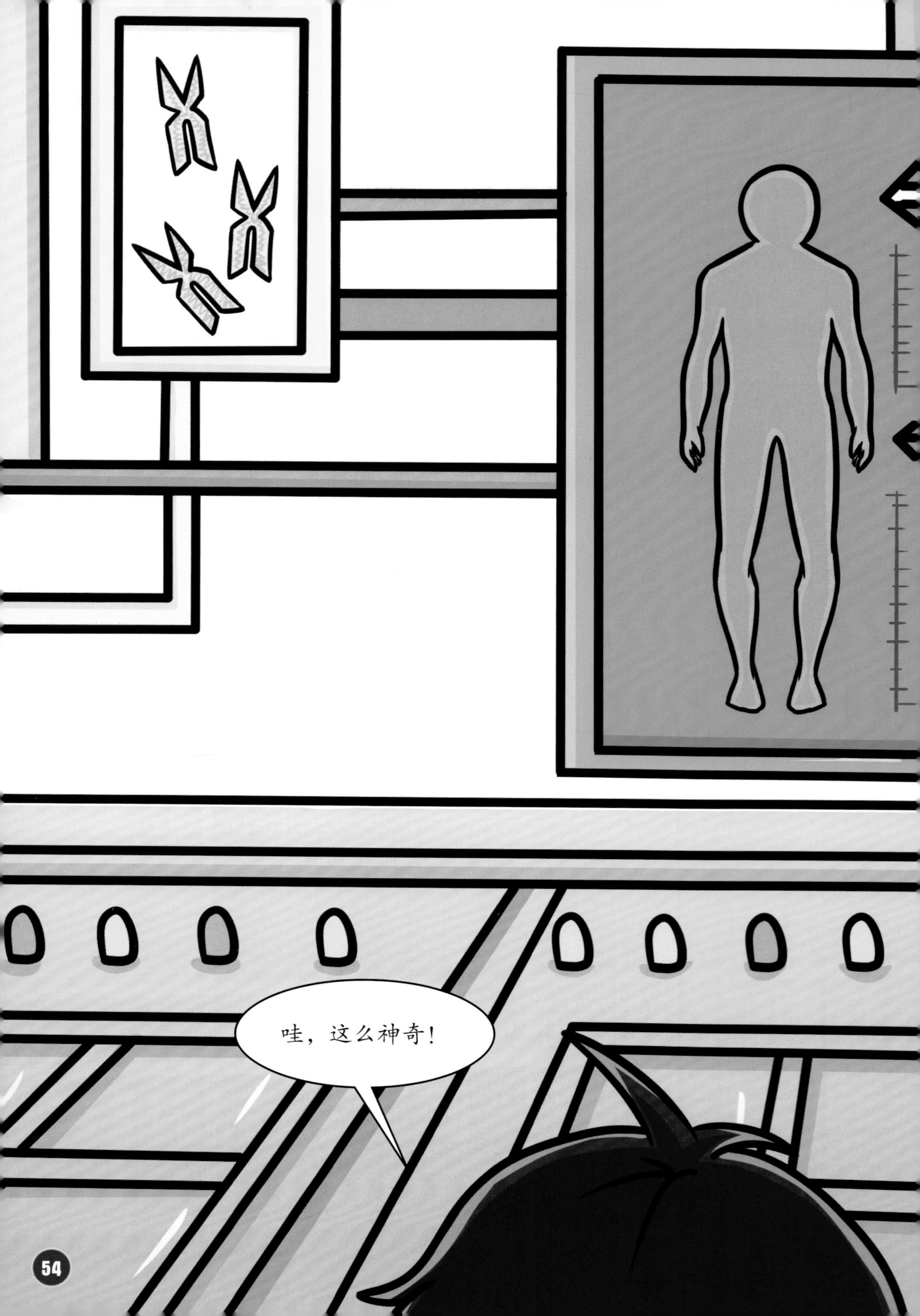
哇，这么神奇！

新叶，我听说你爷爷受伤的事情了，别担心，现在我来教你制作你爷爷需要的皮肤吧！你现在看到的就是铜绿假单胞菌身体里的画面。外面那一层薄薄的就是它的皮肤，它和你爷爷的皮肤组成是大体一致的。

3. 太好了！

1. 新叶快把你收集到的钥匙积木拿出来。
2. 你看，现在我们把插入积木的魔幻手环让铜绿假单胞菌戴上，它们就能产生第二信使来促进你爷爷皮肤的修复了。
4. 嘻嘻，元教授厉害吧。你先别激动，临走之前，我再送你一件礼物！

这是我和我的朋友们一起
送给爷爷的礼物。

爷爷
康复

元教授答疑

元教授，铜绿假单胞菌是什么呀？它和第二信使有什么关系吗？

铜绿假单胞菌原称绿脓杆菌，在自然界广泛分布，是存在于土壤中的常见的细菌之一。水、空气、正常人的皮肤、呼吸道和肠道等都有它的存在。在铜绿假单胞菌中发现了在膜和细胞内物质间穿梭的第二信使分子——c-di-GMP。它是外界信号调控细胞内响应的关键信号分子。

我捡到的钥匙积木又代表什么？

救爷爷时用到的2把钥匙积木 mini-CTX 和 mini-Tn7是光遗传模块，能根据不同波长的光，控制c-di-GMP分子的合成与水解，进而调控菌株的生长，从而调节生物膜的产生。

那最后铜绿假单胞菌是怎么摆出一行字的呢？

当调节红、蓝双色光时，细胞会自我组织在相应红色光区域形成密集群落，一段时间后便形成了具有规定组织的多层生物膜，而当投影蓝光时，生物膜渐渐消失。

生物技术科普绘本
合成生物学卷

中国生物技术发展中心　编著
科学顾问　天津大学

科学普及出版社
·北　京·

新叶的

球球

身材胖胖的，脑袋和肚子圆圆的。他是新叶的好朋友，因为贪吃而长得胖乎乎的。

大肠杆菌希希

身材呈椭圆形，小小的眼睛，弯弯的嘴巴。它是紫杉醇前体物质生产工厂中一个普通的埃希氏大肠杆菌。

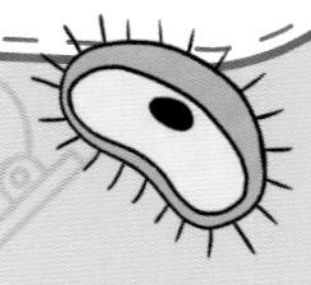

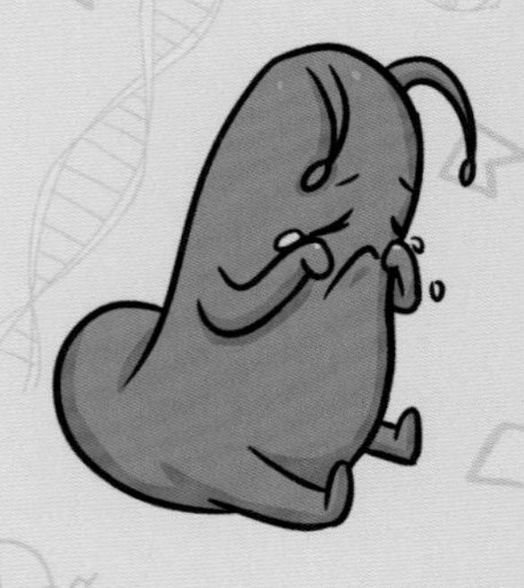

小伙伴

吃石油的细菌由由

长条形身材，头上有两只大大的耳朵，圆圆的眼睛，短短的眉毛。由由是新叶在旅行的时候交到的好朋友，它的本领很大，经过改造后的由由能够把石油吃掉，帮助人类治理石油泄漏污染。

菌宝宝康康

它有大大的脑袋、小小的身子，有一双圆圆的、蓝色的眼睛，头上有一对蘑菇样的触角。它是新叶的好朋友，经常来找新叶玩。

目录

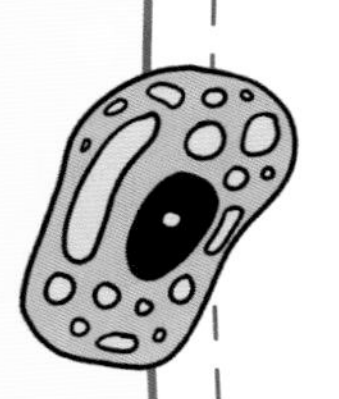

球球这么能吃，以后还不得一直胖下去呀，这可对身体不好！我得带他去找元教授，也许元教授会有办法。

2. 可是妈妈说，像我这样每天都吃得很多，以后会长得很高，身体也会特别棒。为什么您说这样对身体不好呢？
4. 可我每天只吃一点蛋糕、饼干和棒棒糖，怎么还会摄入那么多糖呢？

1. 球球呀，你吃这么多，又不怎么锻炼，这样下去对你身体可不好。
3. 你吃得太多，但身体消耗不了这么多的糖类，那些积累的糖分就会变成糖原、脂肪积累在身体里，使身体发胖。
5. 其实，你吃的蛋糕、饼干还有米饭的主要成分都是淀粉，就是大量葡萄糖手拉手排成的长链，通过消化，淀粉长链就会断开变成一个个葡萄糖分子。所以，球球你这样其实是积累了很多用不完的葡萄糖。

3. 我知道，有大肠杆菌！

1. 元教授，那有什么方法可以把这些多出来的糖消耗掉啊？
2. 我们对营养的吸收基本都是在肠道中完成的。你们知道有什么东西在那里生活吗？

这个积木表达的是一种特殊的
萄糖转运蛋白，只要把它安装
大肠杆菌的细胞膜上，就能加
大肠杆菌对葡萄糖的吸收。

我明白了，如果能让大肠杆菌宝宝帮忙把肠道里多余的葡萄糖吃掉，球球就不会长胖了！

把这个手环送给大肠杆菌，请它帮忙。如果吃了很多糖，手环就会自己启动，大肠杆菌可以把多余的葡萄糖抢到自己那里，不让那些多余的糖进入球球的体内变成脂肪。而且手环还可以帮助大肠杆菌控制自身数量，以免影响肠道健康。

1. 不过呢，想要保持身材，还是一定要加强锻炼，增强体质。

2. 元教授，我们
这就踢足球去！
3. 嗯嗯！

元教授答疑

元教授，为什么手环可以控制葡萄糖的运输呢？

工程大肠杆菌可以根据葡萄糖浓度调整合成葡萄糖转运蛋白的能力，进而调整葡萄糖的吸收能力。当人体内葡萄糖含量过高时，大肠杆菌便将更多的葡萄糖运输到自己体内用于菌株的生理活动，从而消耗掉冗余的葡萄糖，减少人体对葡萄糖的吸收。

抗癌小能手

文 / 张肖雄

图 / 胡晓露

元教授，为什么那些病人的头发都掉光了呢？
那些病人得了癌症，掉头发只是治疗过程中产生的副作用之一。能够治疗癌症的药物非常稀少。

1. 那有什么办法能够帮助他们吗？
3. 什么细菌这么厉害？

2. 有一种治疗癌症的药物叫紫杉醇，是从红豆杉里提取合成的。由于红豆杉是濒危植物，数量稀少，现在科学家正在尝试利用细菌合成它的前体物质，再化学加工成紫杉醇。
4. 最普通的大肠杆菌就有这个功能噢，但是我们需要对它们进行一些改造。只要戴上这个手环，它们就能通过一系列复杂反应利用原料合成紫杉醇的前体物质啦。

2. 我的小伙伴们在合成紫杉醇的前体物质，我也想加入它们，贡献一份力量。

1. 希希，你怎么哭了？
3. 没问题，交给我吧。

太棒了，这样我就能加入小伙伴们的工作啦！谢谢你，新叶！

这个魔幻手环能够帮你实现愿望噢！只要戴上魔幻手环，它就能将合成紫杉醇前体物质的基因导入你的身体，这样你就能源源不断地合成紫杉醇的前体物质啦！

你能这么想非常好，我们一起继续用知识去帮助大家吧。

元教授，我真是太开心了！既能有这么重要的发现，还能帮助别人，我们的旅行太有意义了！

元教授答疑

元教授，万一本已经稀有的红豆杉灭绝了，还有办法合成紫杉醇吗？

虽然目前紫杉醇的生产仍主要依赖于红豆杉，但近年来，利用合成生物学技术建立新的紫杉醇生产途径已成为研究热点。科学家已经在大肠杆菌和酿酒酵母中异源合成了紫杉醇的前体物质，后续对前体物质进行化学加工后是可能得到紫杉醇的。这种半合成方法不仅能够减轻对红豆杉的依赖，并且在一定程度上能够革新传统技术，对癌症的治疗有深远意义。

拯救大海

文 / 何博，张雪昂
图 / 纪小红

不错！海洋中蕴藏着无限的可能，就拿海洋中的微生物来说，它们有着丰富的种类，各不相同的特点，有些还拥有神奇的功能。

元教授，我们这次考察，是要研究海洋中的微生物吗？

1. 您能具体说一说吗?
3. 这些细菌有这么神奇的功能，可是为什么我却从来没有见过它们呢？嗯……难道是因为它们的生活条件太奇怪了吗?

2. 比如，有的细菌能吸收外部环境中的金属，有的可以耐受很高的温度，有的甚至还能吃石油！
4. 非常正确！不过我们还是可以利用它们神奇的能力的……

元教授！您快看那边，
好像出事了！

1. 不好！石油泄漏了！
3. 我记得您之前说过，有的细菌可以直接吃石油。虽然我们不能直接利用它们，但是……哦，我明白了！是不是有可以分解石油的细菌魔幻手环？

2. 新叶，要冷静！现在最要紧的是想出解决办法。关于海面上的油污，你有什么想法吗？
4. 嗯，很好！事不宜迟，我们分头行动，一定要快！

2. 唉，我也帮不了你们，我没有吃石油的能力啊！
4. 真的吗？

1. 嘿，伙计，快醒醒，我需要你的帮助！现在海面上有一大片泄漏的石油污染。这样下去，附近的海洋生物都会遭殃的。
3. 不，你可以做到的！这个魔幻手环含有从吃石油的食烷菌那里得到的基因积木，你把它装上就可以吃石油了！

真的，我居然可以吃石油了，这东西还真的很好吃呢！我马上去召集我的伙伴们都来帮忙！这些石油只是小菜一碟！

来试一试吧，你会觉得石油很美味的！

水华的克星

文／刘怡然
图／程　中

康康，发生了什么？你为什么浑身都脏兮兮的啊？

许多工厂把污水排放到我居住的河里了，我家现在脏兮兮、臭烘烘的，最可怕的是很多动植物都死掉了。

天哪，太可怕了，你家怎么变成现在这样了？

都是这些叫水华的东西搞的，我们去找元教授帮忙吧！他一定有办法的。

元教授，我的一个细菌朋友的家出现了水华现象，我该怎么帮它呢？
别着急！你看，我们刚刚研发出了一种吸收水中多余磷元素的细菌改造积木。

哇，这个魔幻手环这么厉害，谢谢元教授！

这个魔幻手环能让细菌吸收更多的磷元素，这样就能抑制水华了。

1. 快看，我带来了对付水华的武器。
3. 就是这个魔幻手环，它能够让你们细菌把水中多余的磷元素吸收掉，这样水华就不会肆虐了。

2. 哇，快给我看看是什么好东西。

快去让你的朋友们都试试吧，你们这里很快就会恢复到和之前一样干净清澈的样子。
真的吗？我要赶紧试戴！

元教授答疑

元教授，水华是什么呢？

水华是淡水水体中藻类大量繁殖的一种自然生态现象，是水体富营养化的特征。水体富营养化的危害非常大，世界各地25%~75%的水华都会释放毒素，危害水生生物，使水产养殖业遭受损失。水华产生的原因是水体中氮、磷元素含量过多。科学家通过对细菌进行改造，让它们能够吸收水体中多余的磷元素，进而抑制水华的产生。

生物技术科普绘本
合成生物学卷

新叶的神奇之旅V

中国生物技术发展中心　编著

科学顾问　天津大学

科学普及出版社
·北　京·

新叶的

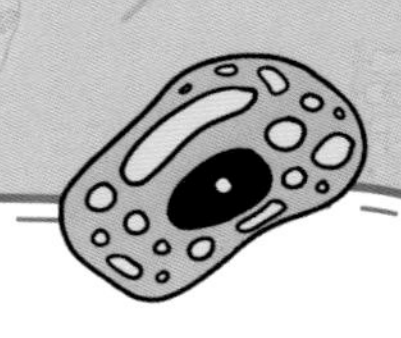

口腔细菌

身体是绿色的圆球，上面有一些触手，大大的眼睛十分可爱。它们是生活在人类口腔中的细菌，以人类的食物残渣为食。

胃细胞

圆圆的脑袋，小小的身子，头上有一只弯弯的触角。它们生活在人类的消化系统中，对人类的消化活动有一定的作用。

小伙伴

婷婷姐姐（T细胞）

有圆圆的脑袋和两个小触角，手上拿着一个小盾牌。它是人体的免疫细胞，当有抗原进入人体时便会发挥作用，将入侵者赶跑。

村长

身体和脑袋都是圆的，头上有长长的触角，还有长长的胡子和眉毛。它是人体内一个普通的细胞。

新叶的

小E

它和一般的大肠杆菌一样，有着胖胖的躯体和大大的眼睛。它是居住在人类肠道中的普通大肠杆菌。

霍乱弧菌小V

圆球形的身体，有一对尖尖的耳朵，头顶上还有一个触角。它是人类霍乱疾病的病原体。

小伙伴

呀呀

身体为一个圆球，可以在空中漂浮，有一个小尾巴。是一种从罂粟中提取出来的毒品。吸食“呀呀”会让人上瘾，导致体质衰弱和精神颓废，寿命也会缩短。过量吸食“呀呀”会引起急性中毒。

HEK932细胞

圆圆的脑袋和身子，椭圆形的眼睛，头上有一对角。它是兵工厂细胞，能将治疗“呀呀”成瘾的三种重要原料组装成一体。

目录

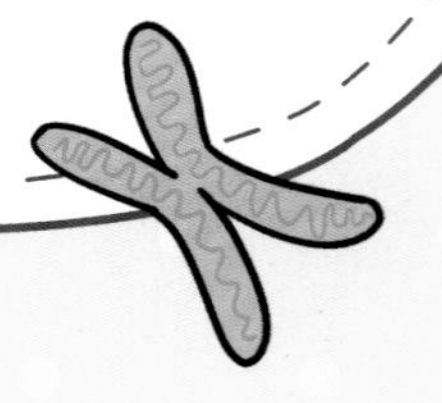

神奇的剪刀

文／杨金雨
图／宗彦祥

2. 那是可以溶解那群坏家伙的唾液炮弹，但是它们太厉害了，还是让它们逃脱了。
5. 好的，那我进去看看，辛苦你们了，再见！
3. 哦！这样的话，那些坏家伙已经进城堡里去了，是吗？
1. 咦，这是什么东西啊？看起来黏黏的！

6. 不客气，再见啦！
4. 我们现在也不太清楚里面的状况，里面还有胃细胞它们在守着，你可以进去看看。

2. 我们这枪里面装着胃酸溶液，本来想要射杀那些坏家伙的，可是都被它们躲过了。它们现在已经到城堡里了，请你快去帮帮婷婷姐姐吧，谢谢。

1. 你们好！你们这是什么枪啊？
3. 好的，我这就去，你们放心。

4. 是这样的，那些坏家伙这几天出现在这里，欺负一些无辜的细胞。一开始我们还可以把它们赶走，但是后来因为血液中有一种叫作 PD-1 的蛋白质，它会阻止我们进攻，所以我们变得越来越力不从心了。
2. 是的，请问有什么事吗？不好意思啊，你也看到了，我正急着把那些坏家伙赶走呢！

1. 请问你是婷婷姐姐吗?
3. 你可以告诉我一下这里现在的情况吗? 也许我可以帮到你们。

2. 有没有什么办法可以帮我们去除这些 PD-1 蛋白啊，如果没有它们的话，我们就一定可以把那些坏家伙赶走的。

1. 原来是这样啊，
我想想……
3. 有办法了！
你试试这个！

3. 哇，太神奇了！PD-1蛋白都不见了！真是太谢谢你了。
1. 这是什么？

2. 这是科学家们新发明的“神奇剪刀”，它可以“剪去”编码PD-1蛋白的相关基因元件，这样它们就不会再出现，然后你们就可以将那些坏家伙赶走了。
4. 不客气！

元教授，您知道吗？我今天用您给我的那个魔幻手环帮助婷婷姐姐成功地赶走了那些坏家伙，真是太神奇了！

那真是太好了，慢慢地你就会越来越深刻地感受到合成生物学的奇妙之处。

元教授答疑

元教授，“神奇的剪刀”是一项什么技术啊？

“神奇的剪刀”指的是 CRISPR/Cas9 技术。人们可以根据想要切除的目的基因序列设计出与其互补配对的 RNA，称为向导 RNA。然后向导 RNA 带着 Cas9 蛋白（一种可以剪切 DNA 的蛋白质）来到想要切除的目的基因处，将其切除。因此，如果某种疾病是由某段基因控制决定的，那么就可以运用该技术将这段基因修复，从而治疗这种疾病。

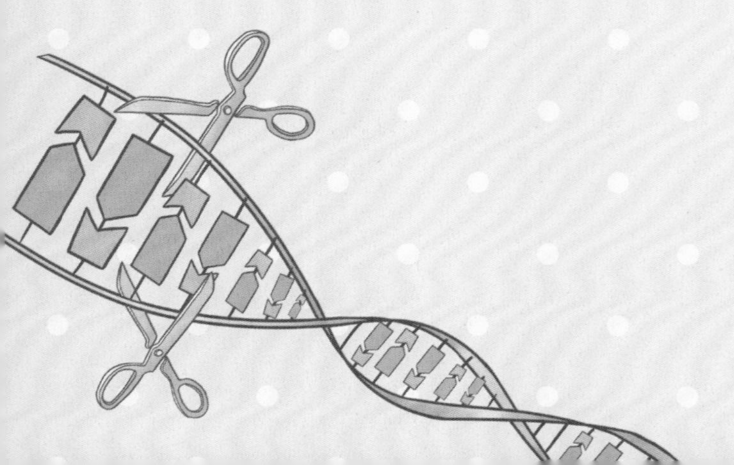

可怕的入侵者

文／简婕睿，张宸瑞
图／唐若冰

细胞村
细胞工厂
地铁
1. 这里发生了什么？
2. 我们这里简直没有正常生活秩序了，到处都乱糟糟的。
3. 有谁欺负你们吗？感觉你们都是提心吊胆的。
4. 我们细胞村最近遭受到一批入侵者的侵占，它们夺去了我们的食物和水，甚至霸占我们的一些房屋和花园。大部分村民都提心吊胆的，以致它们在工作中出现了很多失误。

细胞餐厅

它们实在是太可恶了！元教授一定有办法对付它们，等我找元教授讨教一下，就去帮你们惩治它们！

办公楼
最近我们实在没办法对付入侵者，它们可以产生致病RNA，你能帮助我们吗？

1. 现在的细胞村看起来越来越萧条了！
2. 是啊，与几天前相比，街上已经没有什么人烟了，商店的大门紧锁着，楼房都已经歪掉了……
3. 是啊，大家都没办法正常生活了。

4. 这些入侵者太可恨了，我们一定要好好惩治它们，帮助细胞村村民们恢复家园。

4. 哈哈哈，这个办法听起来很妙。我们快去试试吧！
2. 就这个？

1. 给你们瞧瞧我昨天通宵弄成的这个武器——魔幻手环。
3. 可别小瞧这个魔幻手环，元教授告诉我那些入侵者的厉害之处就在于它们能产生致病RNA。只要用这个手环把它们的致病RNA消灭，还怕它们不乖乖听话吗！

T细胞办公楼
2. 哈哈，你们跑不掉的！
4. 我们的武器怎么失效了呢？还是快跑吧！
5. 哇，那些可恶的入侵者被我们赶走了，耶！

1. 快跑，那些可恶的入侵者又来了，而且又释放致病RNA了！
3. 让你们见识见识我的厉害！

1. 谢谢你，新叶！你真是帮了我们大忙了，我们细胞村开始恢复生机了。
4. 祝你一路顺风，再见！
胞监狱

2. 不客气，我得离开了，开始我的下一次体内之旅。
3. 新叶，谢谢你！是你拯救了我们细胞村。
5. 再见！

元教授答疑

元教授，为什么魔幻手环能够杀死致病 RNA 呢？

魔幻手环上含有科学家最近发明的基因编辑工具，它的名字叫作核糖核酸酶靶向嵌合体，该嵌合体可以找到降解 RNA 的蛋白质，选择性地降解那些与致病相关的 RNA。

基因小偷

文／罗　涵
图／张珏铃

1. 那些从“胃”里拉出来的货物是要送到你们那里吗？
3. 我听说在你们的城镇里，血细胞输送员们还可以将养分输送到人体各个器官，是吗？
肠道城镇

4. 是的，那些剩余的无法利用的养分，我们就会将它们运输到人体外。
胃
2. 是呀，在“胃”里面，货物被拆解成半成品，再运输到我们这里完全被拆卸。我们将有用的货物留下，用来滋养我们的城镇。

2. 你好！我们是大肠杆菌，是肠道里的常驻菌群。你可以叫我小 E。
6. 那当然啦，不仅如此，我们还是人类基因工程技术的得力助手呢！
4. 不会呀！我们在肠道里建造城镇居住，作为回报，我们不仅会帮助人类拆解他们吃下的食物，方便他们吸收营养，还能抑制那些坏细菌在肠道里生长呢！可不是所有细菌都像我们这么友好的。

1. 你们好，我是新叶，请问你们是哪种菌宝宝呢？
3. 你们居然在肠道里建造城镇，这样不会给肠道的主人带来不适吗？
5. 原来你们这么厉害！
胃

3. 没关系，我记得可以用抗生素生产积木对付一些细菌。
百宝箱

1. 不好，是小偷霍乱弧菌来了！它们是会毁坏城镇，使人类生病的坏家伙！小心不要让它们偷了你的百宝箱！
2. 免疫护卫队还在赶来的路上，我们得先靠自己了！

4. 抗生素是不可以
乱用的。
3. 没关系，我还
有其他抗生素生
产积木。

1. 小心！小偷的手臂是可以伸长的！
2. 糟了！它们抢了这种抗生素的抗性基因积木，我的抗生素生产积木无法阻止它们了！

1. 抗生素虽然可以抑制致病菌，但不可以乱用。这些小偷是可以窃取基因的，抗生素生产积木和抗生素抗性基因积木是同时存在的，我们使用抗生素抗性基因积木时，这些小偷就会偷走抗生素抗性基因积木。我们用更多种类的抗生素，它们就积累更多的抗性基因积木，会变成对多种抗生素都免疫的“超级细菌”。人们若是被这种细菌感染，就很危险了！
3. 要记住，抗生素是对付致病菌的利器，但也是让致病菌进化的利器，不到必要的时候不可以随便用。
5. 我已经通知了免疫护卫队，你们看！

2. 原来是这样。元教授，我错了，我不该随便用抗生素积木的。
4. 嗯！我明白了！可是现在我们怎么对付这些小偷呢？

1. 这些小偷还真是可怕。
2. 其实还有其他细菌有这种能力，我们也可以利用这一点让它们更方便地戴上魔幻手环，成为我们的朋友，和我们一起进行合成生物学的工作呢。
3. 原来还可以这样啊。
5. 我们会的，再见！

4. 谢谢你们！欢迎
你们再来！

元教授答疑

元教授，细菌为什么会产生耐药性呢？

细菌之所以会产生耐药性，背后有多种原因。除了自然界中常见的基因突变，部分微生物还会通过特别的方式从外界吸收 DNA 化为己用。微生物群体中某些个体吸收了抗生素抗性基因，便可以对相应的抗生素产生抗性。当使用抗生素杀灭致病菌时，只有具有抗生素抗性的细菌能够存活，于是含抗性基因的个体便会大量繁殖，导致细菌耐药性进一步积累和提升。

神奇的解毒泡泡

文／孟祥云秀
图／朱　果

新叶，不要着急，你自己去成瘾小鼠体内看看就知道了。

元教授！有什么办法能帮助那些“呀呀”成瘾的人吗？

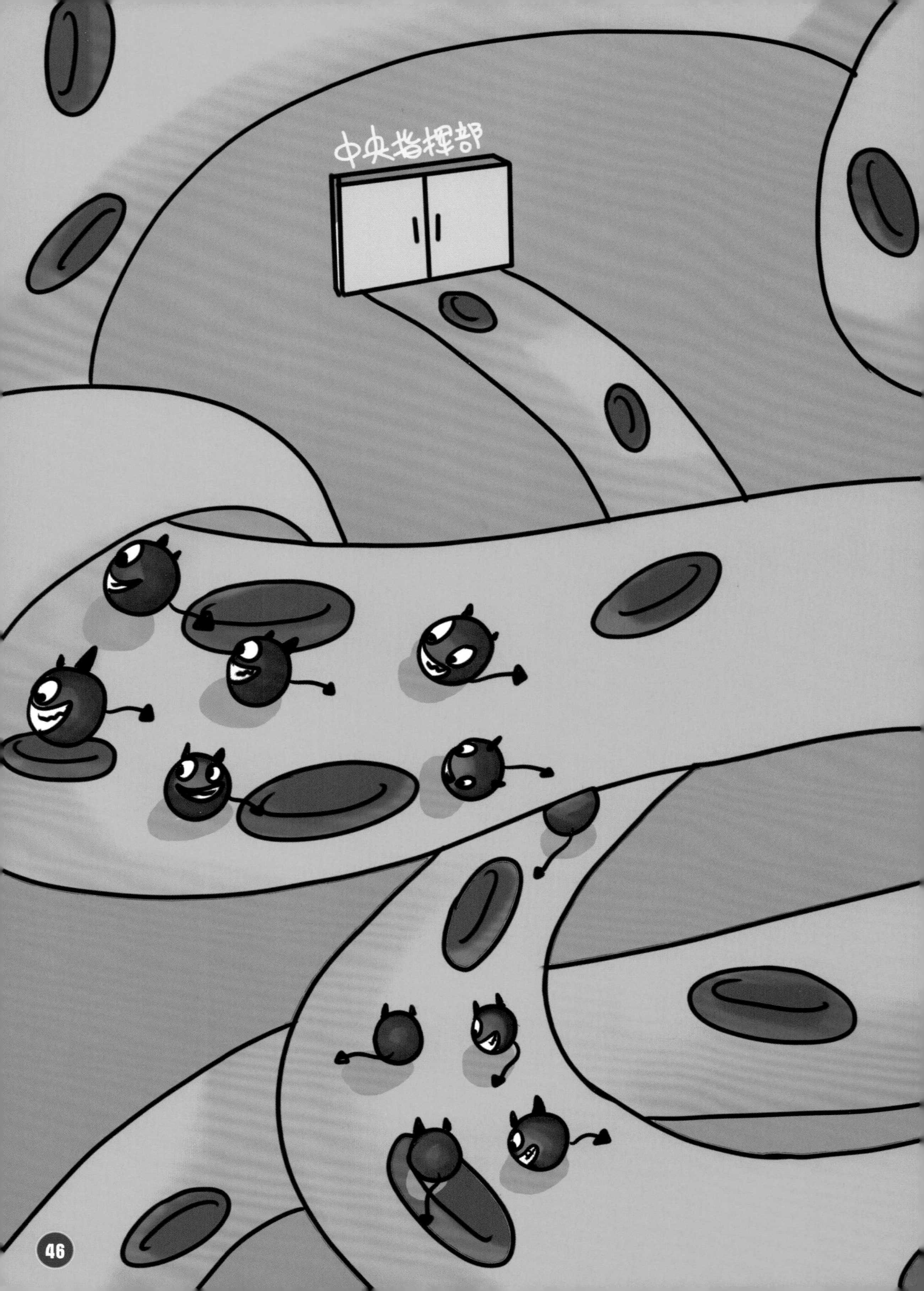
中央指挥部

看来我现在在
血管中。
找到了！
在这里！

1. 救命啊！救命啊！
3. 我是神经元细胞，正在与“呀呀”结合的是“呀呀受体”，一旦我的主人过多或长期服用“呀呀”，它们就会与“呀呀受体”过度地结合，导致主人成瘾！

2. 别急，我是新叶，
你怎么了？
4. 我明白了！等等
我，我去去就回。

这是我们选定的兵工厂细胞——HEK932细胞，只要你把魔幻手环交给它，它就能制造对付“呀呀”的大军了。
元教授，神经元细胞被抓住了，需要帮助。

新叶词典
HEK932 细胞是由人的胚胎肾细胞经转染后得到的可以体外增殖的细胞系，比较容易转染，是一个很常用的表达研究外源基因的细胞株。

1. 你好，HEK932 细胞，我是新叶，可以请你帮我一个忙吗？
3. 那只小鼠体内的神经元细胞正在遭受“呀呀”的攻击，戴上这个魔幻手环你就可以帮我们生产对付它们的武器了。

细胞兵工厂
2. 当然可以！我正感觉自己有一身的力气不知往何处使，你说吧！

2. 你看到小泡里的条带了吗？它们是“呀呀”受体的干扰RNA，是勇猛的士兵，可以在神经元细胞内阻止“呀呀”受体的产生。

细胞兵工厂
1. 这个小泡是如何阻止“呀呀”对神经元细胞的攻击的呢?
3. 哇,好神奇啊!那你就等着我制造出一支强大的军队吧!

1. 咦，我们的目标怎么都不见了？
2. 谢谢你，新叶，你真是帮了我一个大忙！我的主人现在对“呀呀”不再成瘾了！

3. 不用客气！你应该感谢的是 HEK932 细胞，这些武器都是它制造的。

1. 我成功了！
元教授！
3. 我明白了！我会继续努力
学习合成生物学知识，探索
奇妙的生物世界，用知识造
福人类！

2. 你做得很好！不过这种方法现在只对小鼠适用，要想用于人类治疗，我们还需要进一步努力呀！

元教授答疑

元教授，“呀呀”是一种什么物质，它的成瘾性和成瘾性又是怎么回事呢？

文中提到的“呀呀”指阿片类药物，主要用于麻醉、镇痛。阿片类药物会导致成瘾性，而成瘾性的产生是由阿片类药物与神经元细胞表面的阿片受体结合所致，因此可以通过阻断这种结合来尝试治疗阿片成瘾性。